陳滿花——著

李東陽——攝影

Simple
Natural
Vegan

禪味點心

Savory Snacks
in Chan Spirit

不忘初衷

回想起喜歡做點心，已是四十多年前的往事，那時宿舍裡的同事們，半夜會起床收看少棒比賽的實況轉播，而我因年少熱情，每次都自告奮勇地幫大家準備點心。對於一個從未進廚房料理，且一竅不通的人來說，只好到處找資料，現學現賣。而同事們可能基於「日行一善」，給了我很大的肯定，就這樣一路地摸索，樂在其中。

等到結婚，家裡有了小朋友，又是全職的媽媽，有空就做點心，除了給孩子吃，也分送給親朋好友品嘗。有天發現身邊吃素的朋友，要買純素的點心並不那麼容易，當下我動了念頭，決定把點心改為無蛋的成分。後來因緣際會，踏入法鼓山這個大家庭，當然更有機會和大眾分享素食點心。一直以來抱持著不用人工香料、品質改良劑、泡打粉、氨粉、素蛋粉等對人體有負擔的添加物的態度，在把家人、大眾健康放在心裡的前提下做點心，不斷地嘗試、不斷地失敗、不斷地調整、不斷地學習，雖然走過很長的烘焙歷程，最後還是不忘愛做點心的初衷，有時堅持也是另一種味道。

這次集結出書，把牛奶和奶油從點心食材抽離，著實是一種挑戰，以不一樣的態度、不一樣的口感，經由飲食的當中，覺醒而回歸樸實的生活本質，畢竟健康比什麼都重要。朋友們，您願意試試看嗎？感謝法鼓文化出版團隊的協助，以及所有成就出書的善因緣，感恩九十二歲母親不斷地提點教誨，還有默默挺我的家人。

願大眾心安平安，和樂無諍。

陳滿花 合十

前言

禪心做點心

　　唐朝有位對《金剛經》甚有體悟的德山宣鑑禪師，有天背負研讀《金剛經》心得匯集而成的《青龍疏抄》，欲拜訪以《金剛經》開悟的惠能大師，以求印證，來到道場的山下，經過一老婦人的點心店，老婦人說：「您如果能回答我一個有關《金剛經》的問題，我就免費招待您點心。」婦人曰：「《金剛經》說過去心不可得、現在心不可得、未來心不可得，不知您到底用什麼心來吃這碗點心？」雖然這只是公案的其中一段，我常以它來反觀自己，喜歡做點心的我，究竟用什麼心？

　　從每次採買食材、洗、切、搓揉麵糰，每個步驟是否清清楚楚看住自己的念頭，手在哪裡，心就在那裡，將每一種食材徹底發揮該有的功能，以簡單的心、喜悅的心、無所求的心，柔軟待物，遇到外在干擾的事，能藉境鍊心，不起煩惱，以平常心來面對無常的變化，在一次次的失敗中，不放棄、勇往直前，就好像參禪，不斷地提問、不斷地參究，直到水落石出。

有天偶遇一位在職訓中心教烘焙的老師，言談之中，她表達對素點心的看法，她說吃素的人雖然不吃蛋，卻吃了許多不健康的替代品，這樣有比較健康嗎？問得我啞口無言。雖然這些添加化學成分的材料有礙健康，但為了口感，使用者還是大有人在。

　　有則故事說，一個小女孩和一位社會經驗豐富、退休的老闆同在沙灘上，突然漲潮，海水沖上岸，當水退了，沙灘上留下許許多多的海星，小女孩拾起一片海星正要往大海丟，退休的老闆笑著說：「那麼多海星，妳是撿不完的，不要白費力氣。」小女孩輕輕地回答：「我只知道當我把海星丟向大海，它就可以活命，否則當太陽出來就被曬死了。」這樣的故事給我很大的省思，我們往往因事小而不為，面對日趨嚴重的食安問題，只有從自己做起，拋磚引玉，使素點心更健康、更環保，讓食物散發本身特有的風味，用感恩的心，在品嘗的當下，不但能滋養色身，調柔心靈，情緒也會安定緩和，吃出禪味。

為讓大家吃得健康營養，本書建議烹調用油採用葡萄子油或橄欖油，醬油採用純釀醬油，鹽則使用海鹽。炒菜用油量與用水量，直接寫於做法內，不另寫於調味料計量中。蒸鍋的烹調計時，自水滾後開始計算；烤箱在使用前，要先預熱10分鐘。

本書使用計量單位：
• 1大匙（湯匙）＝15cc（ml）＝15公克
• 1小匙（茶匙）＝5cc（ml）＝5公克

目 錄

— Part 1 —

香 煎 點 心

OI 燙舌餅

香煎點心
....

南部街角常有人賣「番薯凸」，

尤其天冷時，趁熱吃上一塊，身體都暖和起來，那是小時候甜蜜的回憶。

一般內餡用花生糖粉，這次改為黑糖，它富含鐵質，既健康又簡單。

材料

- 地瓜泥200公克　　• 糯米粉30公克
- 木薯粉50公克

調味料

- 葡萄子油1大匙　　• 鹽¼小匙　　• 黑糖6小匙

做法

1 取一鋼盆，加入地瓜泥、糯米粉、木薯粉、鹽、葡萄子油，混合均勻，揉成糰，分成6小塊。

2 將每一塊地瓜糰搓圓、壓扁，分別填入1小匙黑糖，收口搓圓，略微壓扁。

3 把鍋燒熱，開小火，倒入¼小匙葡萄子油，放入地瓜餅，煎10分鐘，兩面煎熟，即可起鍋。

小叮嚀

1. 由於每種地瓜做出的糯米糰濕潤度不同，如果揉糰時的濕潤度不足，可加入1小匙水做調整。
2. 除用小火煎餅，也可採用油炸方式料理。
3. 煎熟的地瓜餅因內餡黑糖已溶化，食用時會「爆漿」，所以要小心「燙舌」。

02 地瓜銅鑼燒

香 煎 點 心
....

這道源於日本的甜點,是大人、小孩都喜歡的小點,市面上多半是夾紅豆餡。

我試著將內餡改為地瓜泥,凡事不要執著在一個框架,

沒有絕對的好壞,在料理的當下,「藉境鍊心」,

結合在地的食材,就變成一道有特色的點心,也能從中享受更多做點心的樂趣。

- 低筋麵粉150公克　• 原味豆漿180公克
- 小蘇打粉½小匙

調味料

- 葡萄子油1大匙　• 二號砂糖2大匙
- 醬油1小匙　• 鹽少許

餡料

- 地瓜1條　• 香蕉1條　• 檸檬皮屑1大匙

做法

1　低筋麵粉和小蘇打粉用細網過篩；地瓜洗淨去皮，蒸熟，壓成泥；香蕉去皮，切片，備用。

2　取一鋼盆，加入葡萄子油、二號砂糖、豆漿、醬油、鹽，混合均勻，即是豆漿液。

3　另取一鋼盆，加入低筋麵粉、小蘇打粉，緩緩倒入豆漿液，用打蛋器輕輕拌至無顆粒，靜置30分鐘，即是麵糊。

4　取一平底鍋，開中火，把鍋燒熱，用紙巾沾¼小匙葡萄子油，在鍋底抹上少許油，轉小火，倒入適量麵糊，做成每片直徑8公分的圓片，待表面起泡即可翻面，略煎即熟，即可取出，放涼。

5　取2片麵餅，填入地瓜泥，加入香蕉片，撒上檸檬皮屑即可。

小叮嚀

1. 麵糊如果量多，可改用電動攪拌器，較好操作。
2. 把鍋燒熱再抹油，除避免鍋內殘留水分產生油爆，熱鍋冷油可讓麵糊較不黏鍋。油量不足時，要適時添加。
3. 煎餅皮時，如果覺得顏色太白，可以加一點點醬油上色，不但不影響口感，香氣、色澤更加分。

03 蔬菜盒子

韭菜盒子是家喻戶曉的點心,不過,韭菜屬於五辛之一,素食者是不吃的。

此外,傳統做盒子要擀麵皮,做工有點繁複,所以我改良了一下,

利用包餃子的原理,做成了蔬菜盒子,

而且用叉子來壓痕,可以交給小朋友做,增加親子做點心的樂趣。

材料

- 水餃皮300公克
- 高麗菜200公克　• 芹菜30公克　• 冬粉½把
- 炸豆包1個　• 冬菜1大匙　• 薑15公克

醃料

- 鹽¼小匙

調味料

- 白胡椒粉¼小匙　• 香油1大匙

做法

1　每張水餃皮用擀麵棍擀薄；高麗菜洗淨，切碎，加入鹽拌勻，軟化出水後，擠乾水分；芹菜洗淨，切末；冬粉泡軟，切1公分段；豆包洗淨，切丁；冬菜洗淨，擠乾水分，切末；薑洗淨去皮，切末，備用。

2　取一鋼盆，加入高麗菜碎、芹菜末、冬粉段、豆包丁、冬菜末、薑末，以白胡椒粉調味，淋上香油，攪拌均勻，即是餡料。

3　取1張水餃皮，包入適量餡料，邊緣沾水抹濕，再蓋上另一張水餃皮壓緊，用叉子將圓邊壓成花邊，做成圓形盒子。

4　取一平底鍋，紙巾沾¼小匙葡萄子油，在鍋底抹上少許油，開小火，排進蔬菜盒子，煎10分鐘，兩面煎黃後，撒點水，蓋上鍋蓋略燜，燜至蔬菜盒子熟透，即可起鍋盛盤。

小叮嚀

1. 水餃皮用擀麵棍擀薄，是為增加包覆面積。
2. 蔬菜內餡除使用高麗菜，也可加入青江菜、絲瓜、匏瓜、竹筍等當令蔬菜，一樣美味。
3. 蔬菜盒子的壓痕，也可以用手打摺或做其他造型。

04 蘋果甜甜圈

香煎點心
················

歐美的食譜中經常可以看到將整顆水果拿去烤或燉的點心，

我想與其花錢、花時間揉麵糰、烤水果蛋糕，

不如直接將蘋果挖空去核、切片煎香，再撒上一點糖粉和肉桂粉，

不就是簡單又高級的飯後甜點？

蘋果盛產的季節，想吃甜食隨時可以煎來吃，價廉物美，

尤其煎好後再滴上幾滴檸檬汁提味，溫暖的肉桂蘋果香，就是幸福滋味。

材料

• 蘋果2個

調味料

• 檸檬汁2大匙　　• 糖粉1小匙　　• 肉桂粉¼小匙

做法

1　蘋果連皮洗淨，去頭尾，挖除果核，切厚片成蘋果圈，用檸檬汁略微浸泡，立即取出，瀝乾水分，備用。

2　取一平底鍋，倒入1大匙葡萄子油，開小火，加入蘋果圈，煎5分鐘，煎至兩面微焦，即可起鍋盛盤。

3　撒上糖粉、肉桂粉，即可食用。

小叮嚀

1. 蘋果要浸泡檸檬汁的目的，是為避免氧化變黑，所以略微浸泡即可，以免浸泡過久，蘋果失去脆度。
2. 下鍋前，可沾少許高筋麵粉，增加蘋果圈表面的香酥口感，麵粉拍打沾上即可，不用沾滿。
3. 糖粉、肉桂粉在食用時才撒上，以免失去風味。

05 酥軟甘茄

香煎點心

茄子的煮法不外油炒和蒸煮,但軟爛的口感較不討喜,
這次改採蔬菜天婦羅的做法,保留茄子本身的甘味與色澤。
另外,為了讓口感更有變化,我想到常吃的梅子番茄,
所以在茄子中「藏」入化應子,一口咬下,除了外酥內軟的茄香,
還嘗得到化應子酸甜的滋味,十分特別,很適合不喜歡吃茄子的人試試看。

材料

- 茄子（粗）1條
- 化應子6顆
- 芹菜葉5公克
- 酥炸粉60公克

做法

1　茄子洗淨，斜切3公分段，在切面中間劃一刀，不切斷，以加入¼小匙鹽的冷水略微浸泡，立即取出，瀝乾水分；化應子橫剖一半；芹菜葉洗淨，切碎，備用。

2　每段茄子段內，夾入1片化應子。

3　取一鋼盆，酥炸粉和水以1：1的比例放入盆中，加入1小匙葡萄子油和芹菜葉碎，攪拌均勻成麵糊。

4　取一鍋，倒入300公克葡萄子油，開中火，將茄子段沾裹麵糊，放入油鍋，炸至金黃色，即可起鍋。

> **小叮嚀**
>
> 1. 茄子用鹽水略微浸泡，達到避免氧化目的即可，浸泡太久，會太過濕軟，風味不佳。
> 2. 茄子採用油炸方式處理，比油煎更適合，因為油炸可減少出水，茄子吃起來也較鮮美。

06 酥香牛蒡

香煎點心
· · · · · · · · · · · · · ·

牛蒡含高量粗纖維，能刺激大腸蠕動，幫助排便，降低體內廢物囤積。

一般小孩對牛蒡接受度不高，如果做成當零嘴的點心，

就能讓他們一口接一口停不下來。

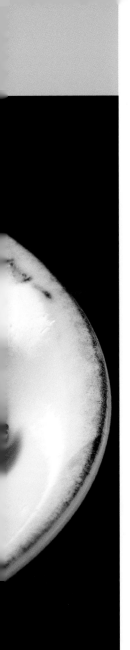

材料

- 牛蒡300公克 • 酥炸粉60公克
- 熟白芝麻1大匙

調味料

- 醬油1小匙 • 糖1大匙 • 番茄醬1大匙

做法

1   牛蒡洗淨削皮,切斜薄片,放入醋水浸泡20分鐘,瀝乾水分,備用。

2   將酥炸粉均勻撒在每片牛蒡片上。

3   取一鍋,倒入300公克葡萄子油,開中火,加入牛蒡片,炸至金黃色,即可起鍋。

4   另取一鍋,加入醬油、糖、番茄醬,開小火,煮滾,煮至呈黏稠狀,拌入炸牛蒡片,撒上白芝麻,即可起鍋盛盤。

小叮嚀

1. 如果喜歡酥脆的口感,可在調味料內加入一點麥芽糖。

07 咖哩餃

香 煎 點 心
....

這是簡易版的咖哩餃,雖然製作過程簡單,但不失美味,

所以是我常用來招待客人的點心,試試看吧!有意想不到的效果。

材料

- 馬鈴薯（中型）1個 ● 乾香菇4朵
- 杏鮑菇（中型）1支 ● 紅蘿蔔30公克
- 高麗菜50公克 ● 餛飩皮30張

調味料

- 咖哩粉1大匙尖 ● 醬油½小匙 ● 鹽½小匙
- 糖½小匙 ● 白胡椒粉¼小匙

做法

1　馬鈴薯洗淨去皮，蒸熟，趁熱壓成泥；乾香菇泡軟，切小丁；杏鮑菇洗淨，切小丁；紅蘿蔔洗淨去皮，切小丁；高麗菜洗淨，切小丁，備用。

2　把鍋燒熱，倒入1大匙葡萄子油，爆香香菇丁，加入杏鮑菇丁、紅蘿蔔丁炒軟，再加入高麗菜丁，撒上咖哩粉，以醬油、鹽、糖、白胡椒粉調味，倒入75公克水，拌炒均勻，最後加入馬鈴薯泥一起炒香，即是餡料。

3　取1張餛飩皮，填入適量的餡料，對摺成三角形，依序完成全部咖哩餃。

4　把鍋燒熱，倒入1大匙葡萄子油，放入咖哩餃，煎10分鐘，煎至兩面酥黃，即可起鍋。

小叮嚀

1. 餛飩皮對摺後，四周可抹點水壓緊，以免油煎時露餡。

o8 香椿油餅

香 煎 點 心
....

為了能常常取得香椿，在院子種了一棵香椿樹，
涼涼的午後，採了一些香椿葉，動手做餅，泡上一壺茶，沉澱一下，
簡單的心、簡單的幸福，這也算是低調的奢華吧！

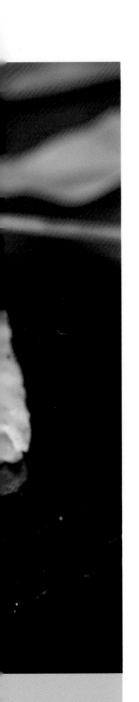

材料

- 中筋麵粉480公克　• 鹽¼小匙

調味料

- 香椿醬2小匙　• 葡萄子油10公克
- 鹽½小匙

做法

1　取一鋼盆，加入中筋麵粉，倒入180公克90度熱水，用筷子輕輕拌成塊狀，將60公克冷水，分次加入，再加入鹽，揉成麵糰，放入抹油的塑膠袋封口，靜置30分鐘，即可取出，分成2等份。

2　取1份麵糰，用擀麵棍擀成大片，均勻抹上一半用量的香椿醬、鹽和葡萄子油調味料，捲成長筒狀，兩端用手捏合，以一端為圓心，將長麵糰盤成螺旋狀，另一端收口壓在麵糰下，再擀成圓形麵糰，完成後，依此步驟完成另一張餅皮。

3　把鍋燒熱，倒入1大匙葡萄子油，放入麵皮，煎5分鐘，煎至兩面呈淺黃色，麵皮變硬時，用筷子和鏟子將餅皮往內擠壓、挑鬆，再煎5分鐘，至兩面呈金黃色，即可起鍋盛盤，趁熱食用。

小叮嚀

1. 香椿醬可換成芹菜末或是九層塔末，也能做出香氣十足的油餅。

09 紫菜煎

剛吃素的時候，其實對蚵仔煎，不敢諱言，還是有點念念不忘，

並不是喜歡吃蚵，而是它的淋醬有些迷人，

既然不碰葷食，索性自己來研發，紫菜煎就是在這種因緣下產生的。

材料

- 生豆包1片　・紫菜3張　・小白菜60公克
- 豆芽菜60公克　・洋菇10粒

粉漿

- 木薯粉120公克　・低筋麵粉1大匙
- 鹽½小匙　・香油1小匙

淋醬

- 番茄醬2大匙　・甜辣醬1大匙
- 糖½小匙　・花生粉½小匙

做法

1　豆包洗淨，撕小片；紫菜撕片；小白菜洗淨，切段；豆芽菜洗淨；洋菇洗淨，切片，備用。

2　取一個碗，加入所有的粉漿材料，倒入360公克水，攪拌均勻。

3　另取一個碗，加入所有的淋醬材料，倒入45公克熱開水，攪拌均勻。

4　取一平底鍋，倒入1大匙葡萄子油，開中火，先加入豆包片略煎，再加入紫菜片、小白菜段、豆芽菜、洋菇片，倒入粉漿。待粉漿煎至變透明，翻面煎熟，即可盛盤。

5　淋上淋醬，趁熱食用。

小叮嚀

1. 紫菜煎最好趁熱吃，以免放涼後，紫菜味道變得過濃。

2. 淋醬中的花生粉也可用十寶粉替代，會有不一樣的滋味。

IO 匏絲煎餅

香煎點心
....

每次做這道點心,總會喚起我小時候的記憶。

那時沒什麼零食可吃,但只要我喊肚子餓,媽媽馬上就會運用家裡現成的材料,

變出好吃的煎餅,也許是絲瓜、胡蘿蔔,甚至只單純用麵粉,

但吃起來就是特別好吃,從每一口煎餅中,我感受到「媽媽的心」,

更佩服媽媽「就地取材」的智慧,所以我更應該將媽媽這份愛孩子的心發揚光大,

用素食和更多人結緣。

做法

1　匏瓜洗淨去皮，刨絲；紅蘿蔔洗淨去皮，刨絲，備用。

2　取一個碗，加入匏瓜絲、紅蘿蔔絲、木薯粉、中筋麵粉，倒入120公克水，以白胡椒粉、糖、鹽調味，充分拌勻成麵糊。

3　取一平底鍋，倒入1大匙葡萄子油，開中火，將麵糊分次均勻倒入，分成數個圓形，煎10分鐘，兩面煎熟，即可起鍋盛盤。

4　淋上甜辣醬，即可食用。

小叮嚀

1. 匏絲煎餅可依個人喜好，佐以甜辣醬或醬油膏食用。
2. 喜歡甜口味的匏絲煎餅，可增加用糖量。

II 沙拉吐司棒

香 煎 點 心
．．．．．．．．．．．．．

瓜果和吐司做成的沙拉棒，

很方便用手取食，即使不愛吃蔬菜的小朋友也會吃得開心。

這次做沙拉醬特別添加「韓式泡菜」，

不僅色澤好看，微辣的口感，在夏天特別開胃。

材料

- 全麥吐司2片　• 小黃瓜適量　• 紅蘿蔔適量
- 西洋芹適量　• 板豆腐30公克

調味料

- 義大利綜合香料1小匙　• 黑胡椒粒½小匙　• 橄欖油1小匙

沙拉醬

- 香蕉120公克　• 韓式泡菜100公克　• 腰果沙拉80公克
- 細砂糖½小匙　• 橄欖油1小匙

做法

1　吐司放入冰箱冷凍室，變硬後即可取出；小黃瓜洗淨，取⅔切長條，⅓切丁；紅蘿蔔洗淨去皮，取⅔切長條，⅓切丁；西洋芹洗淨，取⅔切長條，⅓切丁；豆腐洗淨，切丁，用加入⅛小匙鹽的冷開水浸泡，瀝乾水分；香蕉去皮，切塊，壓成泥；韓式泡菜切碎，擠乾水分，備用。

2　先取1片吐司，切1公分寬長條棒，再另取1片切1立方公分小丁，均勻地撒上義大利綜合香料、黑胡椒粒，淋上橄欖油，放入平底鍋，開小火，煎5分鐘，煎至酥香即可。

3　取一個碗，加入沙拉醬的所有材料，攪拌均勻。

4　取一只寬口玻璃杯，填入沙拉醬，放入小黃瓜條、紅蘿蔔條、西洋芹條、吐司棒，即可佐以沙拉醬沾食。

5　另取一個碗，放入小黃瓜丁、紅蘿蔔丁、西洋芹丁、豆腐丁，淋上沙拉醬，再撒上吐司丁，即可食用。

小叮嚀

1. 吐司除使用平底鍋煎酥，也可改用烤箱烤酥。
2. 吐司切條狀，較方便食用；丁狀則可吸收較多醬汁，適合喜歡口味重一點的人。
3. 腰果沙拉的材料和做法為：烤腰果50公克、熟山藥60公克、白芝麻1大匙、細砂糖1大匙、檸檬汁1大匙、鹽⅛小匙，將所有材料放入調理機，打至綿密即可。
4. 製作沙拉醬時，也可用山藥泥或酪梨泥代替香蕉泥。

煎功夫

Q&A

Q1 | 如何選擇適合的油？

選用料理油的種類，要以烹調的食材來決定。基本上，涼拌點心要使用低溫冷壓的油為宜，比如橄欖油、苦茶油。如果需要煎炸烹調，最好使用耐高溫的油，發煙點都在250度以上，比如沙拉油、玄米油、葡萄子油、椰子油。所謂的發煙點，是指油脂加熱剛起薄煙的最低溫度，此時油脂會開始變質冒煙。

建議料理油不要固定使用同一品牌，可多準備幾種，交換使用。

Q2 | 如何掌握煎點心的火候？

「熱鍋冷油」是煎點心的火候要領。煎點心前，先開火讓鍋子受熱均勻，再倒入油品與放入食材，比較不容易黏鍋。

如果使用的是不鏽鋼鍋具，想要知道火候是否已適合放入食材，可以在加熱後，灑點水花在鍋面上測試，如果能很快凝結成小水珠，即表示鍋溫已夠熱了。

Q3 | 如何避免煎餅黏鍋？

黏鍋是許多人在煎點心時，覺得最苦惱的事。點心黏鍋破皮，不但影響外型美觀與口感，更容易因為焦鍋而產生致癌物質。想要避免黏鍋，可以將鍋子先燒熱，抹上一層油，或是用薑片先抹過鍋面，達到潤鍋效果，形成保護膜。

有的人在煎麵糊時，常不知何時該翻面，結果煎至焦黑黏鍋。其實只要在煎時，看麵糊冒起小泡泡，略微搖晃鍋子，如果食材可以移動不黏鍋，便表示麵糊已凝固，可以翻面再煎。

當然，如果能使用不沾鍋煎點心，會比使用不鏽鋼鍋來得更加順手易煎。

Q4 | 點心如何煎得香酥？

點心要煎得香酥，油量要多一點，比較容易煎，成品的口感也較為香酥。例如煎紫菜煎，如果粉漿會黏成一團，就是因為用油量不足。由於地瓜粉容易吸油，如果油量不足，粉漿便難以順利成型。

另外，在起鍋前，將火力轉大火，可逼出點心多餘的油分，讓口感更加香酥不油膩。

Q5 | 清洗焦鍋有何要訣？

處理焦鍋，不必焦急。只要趁剛完成料理，鍋子還溫熱的時候，倒入1000公克的水，混合30公克的小蘇打粉，待煮滾後，熄火放涼，再進行清洗，就容易刮除焦黑的鍋底殘渣。

如果使用的是不沾鍋，在清洗時，要選用柔軟的清潔布刷洗，不能用鋼刷，以免刮傷鍋子。

— Part 2 —

焙烤點心

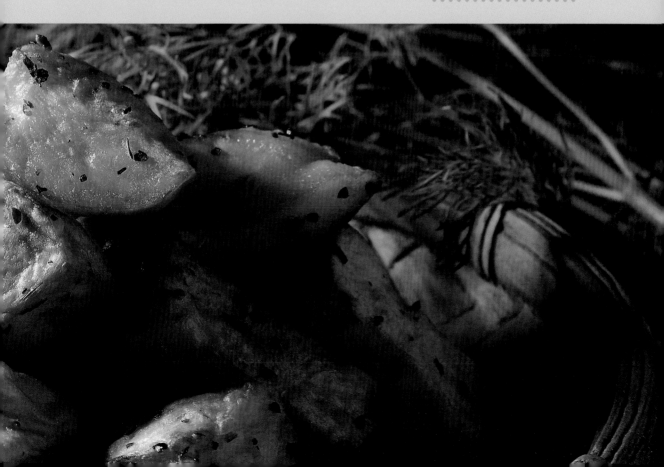

OI 土鳳梨酥

這是第一次用椰子油做鳳梨酥，本以為困難重重，

結果皇天不負有心人，勇於嘗試，常有意想不到的驚奇。

帶著鳳梨酥去探望母親，一向食量很少的她，竟然也吃了一整塊，

頻頻說味道剛剛好、味道剛剛好，回到家，孫子也吵著要吃，真是老少咸宜。

我想是真材實料的關係吧！

材料

- 椰子油110公克　　• 椰漿60公克
- 細砂糖40公克　　• 低筋麵粉250公克

餡料

- 核桃40公克　　• 土鳳梨醬180公克

做法

1　　取一鋼盆，放入椰子油、椰漿、細砂糖和過篩的低筋麵粉，輕拌成麵糰，分成20個小麵糰。

2　　核桃拍碎，加入土鳳梨醬，即是餡料，分成20份。

3　　取一個小麵糰，放入掌心壓扁，再填入餡料，包成圓球，放入模型壓平，再放入預熱的烤箱，以180度烤20分鐘，烤至表面呈金黃色即可。

小叮嚀

1. 每一台烤箱因廠牌、機型不同，焙烤的時間最好依烘焙的習慣做適度調整，建議新手可將溫度調低一點，把時間拉長，隨時觀察烤箱內的變化，這樣比較容易成功。
2. 鳳梨酥烤好時，不急必著取出，利用餘溫再燜5分鐘，可讓鳳梨酥更加酥透。
3. 鳳梨醬可至烘焙材料店選購，要選用不含冬瓜醬的餡料。
4. 椰子油在25度會熔化，所以操作前，可先放入冰箱冷藏一下，變硬後比較好使用。

O2 布朗尼

我們家每天都有喝茶的習慣，布朗尼是經常出現的甜點，

畢竟素食點心不是那麼容易買得到，

所以自己動手做，往往比到外面商家買的快速、放心，也更加經濟實惠。

材料
- 原味豆漿 300 公克
- 黃金葡萄乾 60 公克
- 高筋麵粉 100 公克
- 中筋麵粉 100 公克
- 純可可粉 30 公克
- 小蘇打粉 2 公克

調味料
- 葡萄子油 120 公克
- 細砂糖 160 公克
- 鹽 ¼ 小匙

做法

1　黃金葡萄乾切碎，備用。

2　取一鋼盆，加入高筋麵粉、中筋麵粉、可可粉、小蘇打粉、細砂糖、鹽，攪拌均勻，再加入豆漿、葡萄子油、黃金葡萄乾碎，輕輕攪拌融合，倒入紙模。

3　將布朗尼放入預熱的烤箱，上火 180 度、下火 160 度，烤 30 分鐘，即可取出，放涼 1 小時，即可食用。

小 叮 嚀

1. 黃金葡萄乾可用核桃或杏桃代替。
2. 布朗尼也可使用杯子模型，做成小點心。
3. 欲知布朗尼是否烤熟，可用筷子插入布朗尼中，如果無生漿沾黏，即已烤熟。如果仍有生漿，可用餘溫繼續烘烤數分鐘至熟成。
4. 如果希望加快放涼的冷卻速度，可以開電風扇。

03 太妃核桃

焙 烤 點 心

新春期間，家家戶戶客廳桌上一定少不了甜點，

但市面上買到的腰果、杏仁多半是油炸製成，吃多了有礙健康。

我的做法是先將核桃烤過，再拌入玉米糖漿，

濃郁而不膩，身體比較沒有負擔。

• 核桃600公克

• 細砂糖120公克　• 玉米粉½大匙
• 橄欖油1大匙　• 鹽少許　• 海苔粉1大匙

1　核桃烤香，放涼，備用。

2　取一鍋，加入細砂糖、玉米粉、橄欖油、鹽，倒入60公克水，開小火，煮至濃稠狀即熄火，加入核桃和海苔粉，迅速拌勻，攤開散熱，使核桃表面呈白色結晶，靜置2至3小時，待涼即可裝罐。

小叮嚀

1. 烤核桃時，烤箱先預熱，用180度烤香，注意不要烤焦。烤核桃也可改用烤腰果。
2. 太妃核桃一定要等到確實涼卻，才能裝罐，以免因水氣過多而受潮，口感不酥脆。

04 養生五穀餅

焙 烤 點 心

此類點心口感較硬，但是愈嚼愈香愈有味，
用喜悅的心，專注在每一口咀嚼的過程中，就能感受食物所賦予的正面能量。
對甜點卻步的人，應該是不錯的選擇。

材料

- 低筋麵粉170公克　• 五穀粉50公克
- 核桃60公克　• 蔓越莓30公克
- 原味豆漿70公克　• 小蘇打粉¼小匙

調味料

- 葡萄子油30公克　• 黑糖60公克　• 白醋1大匙

做法

1　核桃除預留裝飾用的16粒，其他拍碎；蔓越莓切碎，備用。

2　取一鋼盆，加入低筋麵粉、五穀粉、核桃碎、蔓越莓碎、豆漿、小蘇打粉、葡萄子油、黑糖、白醋，混合均勻成麵糰，分成16等份。

3　每一份麵糰搓圓形後，壓扁，擺上核桃做裝飾，放入預熱的烤箱，以180度烤20分鐘，即可取出。

小叮嚀

1. 餅乾烤好不必急著取出，可利用烤箱餘溫，讓餅乾更加熟透。

05 香草洋芋

焙 烤 點 心
. . . .

我常利用假日烤一大盤馬鈴薯，並將許多點心擺了滿桌，

讓孩子、孫子們任意取用，看到他們吃得開心，笑聲不斷，也拉近彼此的距離，

這也是我們三代同堂的幸福畫面。

材料
- 馬鈴薯2個

調味料
- 橄欖油½小匙   • 鹽¼小匙
- 黑胡椒粒¼小匙   • 義大利綜合香料¼小匙

做法

1   馬鈴薯洗淨,切塊,以滾水汆燙,取出,
     瀝乾水分,淋上橄欖油,以鹽、黑胡椒
     粒、義大利綜合香料調味,備用。

2   馬鈴薯塊放入預熱的烤箱,以180度烤15
     分鐘,至表面微黃,即可取出。

小叮嚀
1. 馬鈴薯切滾刀塊,增加
   受熱面積,較易熟透。
2. 利用汆燙餘溫淋油,可
   減少烤箱用電量。
3. 以烤箱大小來決定馬鈴
   薯的多寡,才不致浪費
   能源。

06 豆腐棒

做點心的樂趣在於可以發揮創意,

嘗試各種可能,就像拆禮物一般,常常會有驚喜。

這次做的薑味豆腐棒,其實是西洋聖誕節點心「薑餅人」的變化版,

薑餅加入豆腐後,呈現完全不同的口感,充滿豆香的驚喜。

材料

- 嫩豆腐 50 公克　• 低筋麵粉 150 公克
- 薑 15 公克　• 小蘇打粉 ½ 小匙
- 熟白芝麻 ¼ 小匙

調味料

- 葡萄子油 40 公克　• 糖粉 30 公克
- 肉桂粉 ½ 小匙

做法

1　豆腐洗淨；薑洗淨去皮，磨成泥；低筋麵粉過篩，備用。

2　取一鋼盆，加入豆腐，把豆腐壓碎，再加入葡萄子油、糖粉，一起拌勻。

3　鋼盆內加入低筋麵粉、薑泥、肉桂粉、小蘇打粉，揉成麵糰，靜置 20 分鐘。

4　麵糰用擀麵棍擀平成厚度 0.5 公分薄片，切 10 公分長條，沾上白芝麻。

5　放入已預熱的烤箱，上火 180 度、下火 160 度，烤 20 分鐘，即可取出。

小叮嚀

1. 可將長條薄片扭成螺旋狀，或是用模型塑型，成品會更有趣、多變。
2. 肉桂粉也可用義式綜合香料代替。

07 胚芽脆片

為了讓家人盡量不買外食，

所以花了很多心思研究、調製各種點心，這也是我生活的一部分。

雖然作品也常有NG，卻樂此不疲。

早期是做給孩子吃，現在連孫子們也都搶著吃，還送我一個美名「超級阿嬤」。

材料

• 小麥胚芽 30 公克　• 低筋麵粉 30 公克

調味料

• 椰子油 25 公克　• 細砂糖 30 公克
• 楓糖漿 20 公克　• 柳橙汁 40 公克

做法

1　取一鍋，加入椰子油、細砂糖、楓糖漿，開小火，加熱至糖融解，再加入柳橙汁、小麥胚芽，熄火，篩入低筋麵粉，用橡皮刀不規則拌勻成麵糊，備用。

2　用湯匙取適量的麵糊放在烤盤上，用湯匙背面將麵糊推平為直徑 6 公分圓片。

3　烤盤放入預熱的烤箱，上火 170 度、下火 150 度，烤 15 分鐘，取出放涼 1 小時，即可將脆片裝罐。

小叮嚀

1. 烤盤可墊烘焙紙，以方便取出脆片。
2. 因為此道點心是薄片，烘烤的時間很重要，每台烤箱的情況不一，烘烤的過程要觀察它的變化，才不會烤得太焦。

08 法式烤香蕉

焙 烤 點 心

這道小點心有法式烤布蕾的口感，卻少了西式點心繁複的做法，

嘗得到香蕉的香氣，又有柳橙汁的酸甜，是一道有多層次口感的點心。

下午肚子餓時或飯後來上一盅，都很適合。

最近聽到來自日本的「小確幸」一詞，這是日本作家村上春樹所創的詞彙，

意思是「生活中微小但確切的幸福」。

我想，如果幸福來自小小的滿足，這種吃得到的幸福，也稱得上是「小確幸」吧！

材料

• 香蕉3條　• 麵包屑25公克　• 燕麥片20公克

調味料

• 糖粉20公克　• 肉桂粉1小匙　• 椰子油80公克
• 柳橙汁120公克　• 白砂糖30公克

做法

1　香蕉去皮，切厚片，備用。

2　取一碗，加入麵包屑、燕麥片、糖粉、肉桂粉，混合均勻。

3　取一鍋，加入椰子油、柳橙汁、白砂糖，開小火熬煮，攪拌至黏稠狀熄火，加入香蕉厚片。

4　將做法3分裝入小烤皿，撒上做法2的材料，放入預熱的烤箱，以170度烤10分鐘即可。

小叮嚀

1. 香蕉不要選過熟的。

09 花椒酥餅

焙 烤 點 心

身邊有些朋友喜歡吃麻辣花生，於是想到，可不可以把麻辣花生做成餅乾呢？

一般麻辣花生是用炒法製作，改用烤法，可以減少油膩；

材料不加辣椒，單純品嘗花椒的「香」與「麻」，

做出來以後發現，香氣與口感都不輸使用其他香草的餅乾。

- 低筋麵粉 200 公克
- 烤熟脫皮花生 50 公克

調味料

- 椰子油 100 公克
- 糖粉 35 公克
- 花椒粉 10 公克

做法

1 椰子油和糖粉拌勻，加入過篩的低筋麵粉、花椒粉和1大匙水拌勻，再加入花生，一起拌成麵糰。

2 將麵糰放入塑膠袋整形成寬4公分、長20公分的長方體，移入冰箱冷藏2至3小時。

3 取出麵糰切1公分厚的長方片，排進烤盤，放入預熱的烤箱，上火180度、下火160度，烤25分鐘即可。

小叮嚀

1. 麵粉不要過度攪拌，會讓餅乾變硬。
2. 如果不想自己烤花生，烘焙店也有販售，可供選擇。
3. 如果喜歡辣味，可加些乾辣椒。

IO 香蕉海苔薄餅

焙烤點心

香蕉是臺灣的國民水果，好處眾所皆知，但做成點心通常甜度較高，
所以這次我在香蕉麵糰中加入海苔粉與海鹽，
除可中和甜味，並能增加薄餅的風味，簡簡單單就做出口感獨特的手工餅乾。
這道點心，食材很容易取得，步驟也簡單不繁複，很適合親子一起來體驗！

材料

- 香蕉1條（80公克）　·低筋麵粉120公克
- 中筋麵粉60公克

調味料

- 橄欖油50公克　·糖粉10公克　·海鹽適量
- 海苔粉1大匙　·熟白芝麻1小匙

做法

1　香蕉剝皮，切塊，壓成泥，備用。

2　取一鋼盆，加入香蕉泥、低筋麵粉、中筋麵粉、橄欖油、糖粉、海鹽，倒入適量水，撒上海苔粉、白芝麻，混合均勻，揉成麵糰，靜置20分鐘。

3　用擀麵棍先擀0.3公分薄片，再切長條，上面戳小洞即可。

4　餅皮放入預熱的烤箱，上火180度、下火160度，烤15分鐘，烤至兩面酥黃，即可取出。

小叮嚀

1. 麵糰以不黏手為原則，如果太乾可加一點水，太濕則加入適量麵粉，揉起來較順手。
2. 麵糰除做成薄餅，也可做成棒狀，口感會更紮實，棒狀造型也更受小朋友歡迎。
3. 海苔粉也可改用義式綜合香料。

烤功夫

Q&A

Q1 | 如何選擇適用的麵粉？

麵粉是用小麥研磨成的粉末，如以蛋白質的含量分類，可粗分為：

一、高筋麵粉：蛋白質的含量最高，顏色偏黃，吸水性、延展性均高，多使用於口感需要比較Q彈的料理，例如麵包、拉麵。

二、中筋麵粉：蛋白質的含量次之，為普遍使用率最高的麵粉，經常用於製作包子、饅頭、煎餅等中式麵點。如果製作點心時，家中恰巧沒有高筋麵粉或低筋麵粉，有時可以中筋麵粉代替。

三、低筋麵粉：蛋白質的含量較低，顏色偏白，適用酥脆、油酥類點心，口感鬆軟無嚼勁，例如餅乾。

Q2 | 揉麵糰有什麼技巧？

在揉麵糰前，可先在桌面與麵糰上撒些麵粉，也就是「手粉」，以避免沾黏。

揉麵糰的要領為「三光」，要揉至手光、盆光、麵糰光滑，也就是手上與容器上都沒有殘留的麵粉。將麵糰揉至光滑不黏手後，即可將麵糰放置約30分鐘，也就是醒麵。

Q3 | 如何掌握烤點心的烤箱溫度？

烤箱的溫度設定，要以點心的厚薄大小做決定。烤箱在放入點心前，一定要先預熱，以免點心水分流失，影響美味。經過預熱的烤箱，能讓點心快速均勻受熱，瞬間定型，將水分鎖在點心內。

如果是焙烤新手，烤箱的溫度可調低一點，將焙烤時間拉長一點，較能掌握點心的焙烤情況。不同廠牌的烤箱，溫度設定難免會有些出入，假如焙烤時間已超過食譜的建議時間，點心卻仍未上色，要再繼續焙烤，也可略調高溫度，直到點心上色為止。

Q4 | 如何判斷點心是否烤熟了？

在烤點心時，許多人都喜歡打開烤箱檢查是否已烤熟，但是不停開開關關烤箱門，忽冷忽熱會讓點心受熱不均勻，溫度不穩定。在焙烤的過程，應透過烤箱玻璃門看點心顏色深淺，如有需要刷醬汁，才快速取出，立即關閉烤箱門。另外，有的烤箱需要中途打開烤箱門，是因受熱不均勻，所以需要在烤至一半時，打開烤箱門，將烤盤翻轉方向再繼續烤。

取出點心時，可以筷子試戳點心，如可穿透不黏粉，即表示已烤熟。點心烤熟時，不必急著取出，可讓餘溫繼續將點心燜透，才不至於表面酥黃，中間卻還濕軟，香氣便會比較不足，口感也不酥脆。

Q5 | 清潔烤箱有何要訣？

烤箱在使用後，要養成立即清潔的習慣。因為剛使用過的烤箱尚有餘溫，只要用抹布或餐巾紙擦拭烤箱內部，外部再用濕抹布擦乾，即可處理惱人的油漬。烤盤也因帶有餘溫，很容易用水沖洗乾淨。如果仍有難洗的油垢，可用小蘇打粉加熱水進行擦拭。

由於烤箱是密閉式的空間，易吸附食物的味道，如有殘留的食物異味，可在烤盤上倒入小蘇打粉與水，乾烤10分鐘，利用蒸氣把烤箱異味清除，或是在烤箱冷卻後，放入檸檬片除臭。

—— Part 3 ——

蒸 煮 點 心

OI　南瓜包

逢年過節，一家人大大小小難得聚在一起，
圍著桌子包著黃澄澄的南瓜包，不但討喜，也包入全家的親情，
拉近彼此的距離，還可分送給親朋好友，敦親睦鄰。

材料
- 南瓜泥200公克　・糯米粉60公克　・木薯粉60公克
- 細砂糖1小匙

餡料
- 細蘿蔔乾75公克　・乾香菇45公克　・薑末1小匙

調味料
- 醬油1小匙　・白胡椒粉¼小匙　・熟黑芝麻¼小匙

做法

1　蘿蔔乾洗淨，擠乾水分；乾香菇泡軟，切末，備用。

2　取一鍋，倒入1大匙葡萄子油，開小火，炒香薑末，香菇末、蘿蔔乾，以醬油、白胡椒粉調味，拌炒均勻，起鍋放涼，即是餡料。

3　南瓜泥、糯米粉、木薯粉、細砂糖，加入½小匙葡萄子油，混合均勻，揉成南瓜粉糰，分成7等份。

4　每份外皮包入適量的餡料，收口，搓圓，表面用刀背劃十字。

5　南瓜包底部墊上粽葉，撒上黑芝麻，放入蒸鍋，開中火，蒸10分鐘，即可起鍋。

小叮嚀

1. 每種南瓜蒸出的軟硬度不同，可用糯米粉和木薯粉的分量來調整Q度。
2. 南瓜的水分比地瓜多，容易有稀稀糊糊的口感。做這道南瓜包時，可以選用綠皮南瓜，甜度夠又乾鬆，比較容易成功。
3. 做好的南瓜包，表面抹點油，冷的時候，比較不會變硬，或用袋子套起來。

O2 茭白筍糕

蒸 煮 點 心

蘿蔔糕是十分大眾化的中式點心，

每逢年節，蒸蘿蔔糕一出爐，總讓年味滿點，是記憶中熟悉的媽媽味。

這次將蘿蔔換成秋天盛產的茭白筍，兩者做法雖然差不多，口感卻「差很大」！

茭白筍刨絲可以保留更多纖維，軟綿甜美中吃得到秋天的甘甜滋味，

清爽可口又幫助消化。動手做做看吧！

材料

• 在來米粉300公克　• 乾香菇4朵
• 茭白筍（去殼）300公克　• 紅蘿蔔50公克
• 烘焙紙¼張

調味料

• 鹽1小匙　• 醬油1大匙
• 白胡椒粉適量

做法

1　乾香菇泡軟，切細絲；茭白筍洗淨，刨粗
　　絲；紅蘿蔔洗淨去皮，切細絲；在來米粉
　　加入480公克水，攪拌均勻，即是米漿，
　　備用。

2　把鍋燒熱，倒入1大匙葡萄子油，開中
　　火，放入香菇絲爆香，加入茭白筍絲，
　　以鹽、醬油、白胡椒粉調味，炒軟茭白筍
　　絲，再倒入480公克水，煮滾，熄火。趁
　　熱把米漿慢慢倒入鍋內，攪拌成糊狀，再
　　加入紅蘿蔔絲拌勻。

3　把米漿倒入鋪好烘焙紙的方形容器，移入
　　蒸鍋，開中火，蒸40分鐘，取出放涼1小
　　時，即可切塊食用。

03 蓮藕黑糖糕

蒸煮點心

以前上班公司的旁邊，開了一家日式糕點，小有名氣，也是我們同事常光臨的地方，
那已經是四十多年前的事，這次為了做黑糖糕，特地再去買一包來品嚐做為參考，
或許內容物不完全相同，但好的產品是經得起歲月的考驗，也經得起消費者檢驗，
只是價格偏高，平常捨不得買，還是自己動手來得實在。

材料

- 純蓮藕粉 200 公克　• 細地瓜粉 40 公克
- 熟黃豆粉適量

調味料

- 黑糖 250 公克

做法

1　取一個碗，加入蓮藕粉、細地瓜粉，倒入 280 公克水，混合成粉漿，備用。

2　取一鍋，倒入 650 公克水，加入黑糖，開中火，煮滾，轉小火，徐徐加入粉漿，煮 10 分鐘，不斷攪拌至呈糊狀，熄火，倒入抹¼ 小匙葡萄子油的模型，移入蒸鍋蒸 15 分鐘，至呈透明狀，取出放涼 1 小時，切小塊。

3　蓮藕黑糖糕沾上黃豆粉，即可食用。

小叮嚀

1. 細地瓜粉可用樹薯粉代替，熟黃豆粉可用炒香的麵粉代替。

04 長壽糕

長壽糕是一道傳統點心，記得三十年前第一次做長壽糕，小孩並不捧場，

但隨著養生觀念的興起，我調整了食材、做法，加了豆腐，

也讓這道點心多了溫潤的口感，再次拿給家人吃，

他們竟然說：「這麼營養好吃的東西，我們以前有拒絕過嗎？」

材料

- 全麥麵粉120公克　•中筋麵粉120公克
- 低筋麵粉120公克　•家常豆腐100公克
- 南瓜子20公克　•腰果50公克
- 蔓越莓40公克　•枸杞10公克
- 葡萄乾40公克　•熟黑芝麻½小匙

調味料

- 黑糖60公克　•肉桂粉1公克
- 鹽¼小匙　•橄欖油1小匙

做法

1　豆腐洗淨，壓碎，瀝乾水分，備用。

2　取一鍋，倒入240公克水，加入全麥麵粉、中筋麵粉、低筋麵粉、黑糖、豆腐碎，撒上肉桂粉與鹽，淋上橄欖油，攪拌均勻。

3　鍋內加入南瓜子、腰果、蔓越莓、枸杞、葡萄乾、黑芝麻，一起拌勻，倒入底部抹油的容器中。

4　移入電鍋，外鍋倒入1量米杯水，蒸熟，再繼續燜20分鐘，取出放涼，切塊，即可食用。

小叮嚀

1. 蔓越莓也可改用無花果乾，切丁即可。
2. 蒸糕的容器如不想抹油，也可改用烘焙紙墊底。
3. 切薄片食用，口感也不錯。

05 彩色麵疙瘩

蒸 煮 點 心

麵疙瘩有著不同於麵條的紮實口感,是很多人喜歡吃的麵食。

用南瓜泥與青江菜汁染成彩色的麵疙瘩,

除了配色好看,也可以讓不愛吃蔬菜的小朋友,吃到蔬菜的營養,

天下的媽媽為了家人總是挖空心思變化菜色,巴不得孩子多吃一些,

記得母親講過的俚語「子吃娘惹飽」,意思是只要孩子吃得下,

看在媽媽的眼裡,好像自己吃飽。

每次想到這句話,回憶著母親為我們八個孩子無微不至地付出,

眼眶不自覺就濕了。

小叮嚀

1. 南瓜可用紅蘿蔔代替，青江菜也可用菠菜或其他綠色蔬菜代替。
2. 做好的麵糰可放入冷凍庫保存，下鍋前，取出退冰即可，無論煮乾麵或湯麵，都非常適合。

南瓜麵糰材料

- 南瓜泥 100 公克
- 中筋麵粉 100 公克
- 細地瓜粉 ½ 大匙
- 鹽 ¼ 小匙

蔬菜麵糰材料

- 青江菜 50 公克
- 中筋麵粉 100 公克
- 細地瓜粉 ½ 大匙
- 鹽 ¼ 小匙

沾醬

- 白芝麻醬 50 公克
- 醬油 1 大匙
- 黑醋 ½ 大匙
- 白醋 1 小匙
- 糖 1 小匙

做法

1 南瓜泥加入 80 公克溫水，用果汁機攪打均勻；青江菜洗淨切碎，加入 80 公克溫水，用果汁機攪打均勻，備用。

2 將南瓜麵糰全部的材料，加入 ½ 大匙葡萄子油，混合均勻，揉成南瓜麵糰，蓋布靜置 30 分鐘。

3 將蔬菜麵糰全部的材料，混合均勻，揉成蔬菜麵糰，蓋布靜置 30 分鐘。

4 將所有的沾醬材料，加入 3 大匙熱開水，混合拌勻，即是芝麻醬。

5 取一鍋，倒入 1000 公克水，開中火，煮滾，將南瓜麵糰與蔬菜麵糰分別不規則地撕成小片，放入鍋內，待麵疙瘩浮上水面，即可取出盛盤。

6 食用時，麵疙瘩佐以芝麻醬沾食即可。

06 酪 梨 壽 司

蒸 煮 點 心

水果搭配醋飯是怎樣的滋味？

這幾年看到日本料理店用酪梨、芒果等在地水果做壽司，口感獨到，

於是我試著用酪梨搭配紫蘇梅，滑順中帶點清甜，

是一道簡單、營養、清爽的初夏小點，

連不愛吃飯的小朋友都搶著吃，我想那是醋所貢獻的魅力。

材料

• 白飯300公克　• 四角壽司皮15片
• 酪梨½個　• 熟玉米粒3大匙
• 醃嫩薑片適量　• 紫蘇梅少許

調味料

• 壽司醋2大匙

做法

1　白飯趁熱加入壽司醋，輕輕拌涼，即是醋飯。

2　取一容器加入醋飯、玉米粒拌勻；紫蘇梅去子，切絲，備用。

3　酪梨去皮，切丁。

4　將四角壽司皮撕開成口袋狀，填入醋飯、酪梨丁、醃嫩薑片、紫蘇梅絲即可。

小 叮 嚀

1. 酪梨太早切丁，容易氧化變色，可等醋飯完成後再切丁。因酪梨熟度不同，可切大丁，以免包入壽司時化掉，影響外觀。

2. 醃嫩薑片也可自製，只要準備150公克嫩薑、6大匙白醋、4大匙糖、4粒話梅。嫩薑洗淨，切薄片泡水，瀝乾水分，用滾水汆燙。取一小鍋，加入白醋、糖、話梅，煮至糖溶解，即可倒入容罐，放涼，加入嫩薑薄片，移入冰箱冷藏即可。

07 香菇薯餅

蒸煮點心
．．．．．．．．．．．．．

一顆顆可愛的香菇薯餅，鹹中帶甜，我家的幾個小男生，

毫不留情，一口就塞一個，雖然我會念他們沒有吃相，有這麼好吃嗎？

可是暗中竊竊樂在心頭，或許能吃是福吧！

小叮嚀

1. 滷香菇時，不要久煮，免得香菇收汁後，變得太硬。

材料
• 乾香菇（中朵）12朵　• 地瓜（中型）1個
• 薑3片　• 熟黑芝麻¼小匙

醃料
• 鹽½大匙　• 白胡椒粉¼小匙

調味料
• 醬油膏2大匙　• 白胡椒粉¼小匙
• 香油¼小匙

做法

1　乾香菇泡軟，去蒂，擠乾水分；地瓜洗淨去皮，蒸熟，壓成泥，拌入醃料的鹽、白胡椒粉，備用。

2　把鍋燒熱，倒入1大匙葡萄子油，炒香薑片、香菇，以醬油膏、白胡椒粉、香油調味，加入120公克水，煮5分鐘，煮至收汁，取出放涼30分鐘。

3　取一朵滷好的香菇，填入適量的地瓜泥，撒上黑芝麻，即可食用。

o8 黑糖燉水梨

蒸煮點心

冰糖燉水梨是很有名的港式甜品,但我將冰糖換成黑糖,

因為黑糖甜度高且營養更豐富,再加上南杏、新鮮百合與枸杞,

這三種食材都具有潤肺功能,而且可增強免疫力,加上紅白配,顏色也很討喜,

又是一道好吃、好看又養生的甜點。

材料

- 水梨1個 　• 南杏1大匙
- 新鮮百合少許 　• 枸杞少許

調味料

- 黑糖2小匙 　• 鹽少許

做法

1　水梨洗淨去皮，對剖，挖除果核；南杏洗淨，泡軟；備用。

2　取一個碗，倒入240公克水，加入水梨、黑糖、南杏、鹽，移入電鍋，外鍋倒入1量米杯水，燉煮至軟，取出盛碗。

3　百合洗淨，以滾水汆燙30秒；枸杞用熱開水沖洗。

4　水梨加入百合，撒上枸杞，即可食用。

小叮嚀

1. 因水梨、枸杞本身已有甜度，所以黑糖可依個人甜度喜好，酌量減少。

09 秋栗椰奶

栗子入菜很常見，尤其常被運用在和菓子等日式甜點上，

但在我料理的經驗中，鮮少使用栗子這項食材，這道秋栗椰奶是一次新的嘗試，

趁著當季的食材，多多利用它來料理新鮮栗子的甘甜，

也為這蕭瑟的深秋，增添了些許的溫暖。

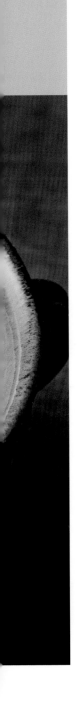

材料 ─────────────

• 新鮮栗子300公克　• 烤熟松子1大匙

調味料 ─────────────

• 椰漿4大匙　• 冰糖3大匙

做法 ─────────────

1　栗子洗淨，蒸熟，備用。

2　將栗子、椰漿、冰糖與720公克水，一起放入調理機，打成糊狀。

3　取一鍋，倒入栗子漿，開中火，煮滾，煮10分鐘，即可起鍋盛碗。

4　食用時，撒上松子即可。

小叮嚀

1. 椰漿也可用豆漿代替。
2. 栗子盛產時，多買些鮮栗冷凍起來，可存放三個月。

IO 鮮果薏仁湯

蒸煮點心
．．．．．．．．．

有些人喜歡喝甜湯，尤其是對健康有益的果仁類，

不過，熬湯需要慢火細燉，比較費時，常讓許多人卻步。

其實只要浸泡或利用燜燒鍋烹調食物，一則安全，二則不浪費瓦斯，節省能源，

在我們生活起居中動手做環保，也是對大地的友善，

比如順手關燈，少吹冷氣，雖然事小，也能為自己及下一代盡一點心力，

延長地球的壽命，何樂而不為呢！從料理就可觀照到自己。

小叮嚀

1. 電鍋也可改用燜燒鍋，大薏仁加入240公克水煮開，移入鍋內燜熟。

材料

• 大薏仁100公克　• 草莓3個
• 奇異果1個　• 熟杏仁片2大匙

調味料

• 冰糖2大匙

做法

1　大薏仁洗淨，浸泡3至4小時，瀝乾水分，備用。

2　草莓、奇異果洗淨去蒂，切丁。

3　電鍋內鍋加入大薏仁與480公克水，外鍋倒入1量米杯水煮熟，再加入冰糖，煮熟即可盛碗。

4　薏仁湯加入草莓丁、奇異果丁，撒上杏仁片，即可食用。

II 雙色山藥圓

蒸 煮 點 心

許多人都愛吃湯圓，又怕不好消化，或老人、小孩容易嚙著，
山藥圓因成分的關係，不黏又容易消化，正好解決了媽媽們的擔心。
白山藥圓與紫山藥圓的口感差不多，但白紫雙色搭配的山藥圓，
色彩美麗，讓人更忍不住食指大動！

材料

• 白山藥泥 300 公克　　• 紫山藥泥 300 公克
• 木薯粉 340 公克

做法

1　取一鋼盆，倒入 50 公克木薯粉與 50 公克熱水，調勻成糊狀，加入白山藥泥，攪拌均勻，再加入 120 公克的木薯粉揉勻。分割麵糰為數塊，搓長條狀，切 1.5 公分小段，即是白山藥圓。

2　另取一鋼盆，倒入 50 公克木薯粉與 50 公克熱水，調勻成糊狀，加入紫山藥泥，攪拌均勻，再加入 120 公克的木薯粉揉勻，做成麵糰。分割麵糰為數塊，搓長條狀，切 1.5 公分小段，即是紫山藥圓。

3　取一鍋，倒入 2000 公克水，開中火，煮滾，加入雙色山藥圓，待山藥圓浮起，即可取出盛碗。

12　紫芋飄香

蒸煮點心

芋頭糕跟蘿蔔糕一樣，都是百吃不厭的中式鹹點心，

不過芋頭比白蘿蔔多了天然香味，這是臺南很經典的點心，

芋頭的香氣是我記憶裡熟悉的味道，早期每次回臺南，一定會去品嘗。

素食的芋頭糕口味，不亞於葷食口味，多了一份清香，也圓了我思鄉之情。

不管南部人、北部人，應該都會喜歡這道點心吧！

材料

- 芋頭粗絲600公克　• 木薯粉70公克
- 乾香菇6朵　• 芹菜丁2大匙

調味料

- 香椿醬1小匙　• 五香粉½小匙
- 白胡椒粉1小匙　• 醬油2大匙
- 糖1小匙

做法

1　乾香菇泡開，切丁，備用。

2　把鍋燒熱，倒入4大匙葡萄子油，炒香香菇丁，加入所有的調味料，拌勻後熄火，再加入芋頭粗絲、木薯粉與2大匙水，充分拌勻，即可起鍋。

3　取一個圓形容器，鋪上年糕紙，填入芋絲糊壓緊，移入蒸鍋，蒸20分鐘，起鍋前撒入芹菜丁，燜一下，取出放涼1小時，切塊，即可食用。

小叮嚀

1. 如無年糕紙，可改用烘焙紙。
2. 可用筷子插入芋頭糕中，如果沒有生粉，表示已熟透，如尚未蒸熟，則再延長蒸的時間。
3. 食用芋頭糕時，可依個人喜好，佐以甜辣醬或醬油膏當沾醬。

蒸功夫
Q&A

Q1 | 如何掌握用蒸鍋
蒸煮點心的火候？

用蒸鍋蒸煮點心的時候，一定要等
倒入蒸鍋內的水煮滾，再把食材放入，要
開大火保持煮沸狀態，然後再轉中火，中
途如需添加水，要添加熱水，不能使用冷
水，以免降低水的溫度，使得已蒸至膨脹
的糕點，塌陷變形。

Q2 | 蒸鍋做的點心
也可以改用電鍋嗎？

蒸鍋與電鍋完成的點心，風味與口
感相近，所以可自由選擇要使用哪一種
鍋具。電鍋1量米杯的烹煮時間約為30分
鐘，可依此換算電鍋所需時間，但由於蒸
鍋是水滾後才放入食材，所以電鍋的烹煮
時間要再加長一些。例如「南瓜包」的外

鍋水量可用¾量米杯水，「茭白筍糕」的外鍋水量可用2量米杯水，「紫芋飄香」可用1量米杯水。如果點心未蒸熟，可再加½量米杯水，繼續蒸煮至熟。想要確認是否蒸熟，可用筷子試戳點心，如可順利戳入，不沾生粉，即表示蒸熟。

Q3 | 攪拌粉漿與麵糊有要領嗎？

攪拌粉漿與麵糊，要攪拌至無顆粒。中式點心常用的再來米粉一類米製的粉漿，較無顆粒問題，所以使用上無困難技巧，也不需要過篩。西式點心常用的麵粉，由於容易受潮結顆粒，所以需要過篩，攪拌時，麵粉要分次加入，慢慢攪拌至無顆粒。粉漿與麵糊如果不立即使用，為免產生沉澱物，使用前要再攪拌均勻。

Q4 | 如何避免點心相互沾黏？

在製作麵糰時，可在桌上與分割好的麵糰上，撒上適量的麵粉或地瓜粉，避免沾黏。

完成的點心，如果相互沾黏分不開，不只不易取食，外觀也不好看。在蒸點心前，要先在蒸鍋或蒸籠上，鋪上濕的紗布，或是在蒸盤上抹油，然後讓每個點心之間，保持適量的空間，以免點心蒸熟膨脹起來後，相互排擠，造成沾黏。

Q5 | 如何不讓鍋蓋的水蒸氣 滴濕點心？

如果做的是中式的糕、粿，可在粉漿上，先蓋上一層布再放入鍋內蒸。

如果使用的是蒸鍋，蒸好的點心在取出前，先不關火，在打開鍋蓋時，順手勢讓水珠滴於同一處，不要讓留在鍋蓋上的水蒸氣，滴入食物裡，就可以避免滴濕點心。電鍋在打開鍋蓋時，也是一樣。也有的人會將整個鍋蓋用布包起，讓布吸收水蒸氣，預防點心被滴濕。

另外，不能把蒸好的點心留在鍋內，以免水蒸氣回流到點心上。

—Part 4—

釀 漬 點 心
· · · · · · · · · · · · · ·

OI 蜜金棗

釀漬點心

·············

每到金棗盛產的季節,我就會做蜜金棗,放在冰箱備用。

有一次,一位朋友久咳不癒,我送了她一瓶蜜金棗,

當她喝完蜜金棗茶後,咳嗽也好了。

因此,在金棗產季,我會多做一些和朋友分享,您呢?

材料
- 金棗600公克

醃料
- 冰糖450公克　　- 鹽2小匙　　- 白醋2大匙

做法

1　金棗洗淨,用牙籤在每粒金棗上戳洞,加入鹽拌勻,靜置1小時,備用。

2　取一鍋,倒入1000公克水,讓水覆蓋過金棗,開中火,煮滾,加入金棗汆燙,待水再度滾沸,取出,瀝乾水分。

3　取一鍋,先加入冰糖,以少許水潤濕冰糖,再倒入金棗、白醋,開中火,煮滾,轉小火,煮約30至40分鐘,煮至湯汁呈黏稠狀,熄火,裝罐放涼即可。

小叮嚀

1. 清洗金棗的方式,用乾淨的布將每粒金棗充分搓洗乾淨。
2. 用牙籤在每粒金棗上戳洞,可幫助醃漬入味。
3. 在煮蜜金棗時,要不斷攪動,以免燒焦。
4. 食用蜜金棗時,要先兌水,再加入少許鹽,對於久咳不癒或因感冒引發喉嚨不適,具有舒緩效果。
5. 沖泡蜜金棗當茶飲時,也可加入綠茶或紅茶,別有一番風味。

O2 洛神花蜜番茄

我平常喜歡嘗試各種不同的食材，

也一直嘗試將繁複的做工簡化，所以涼拌常是我做料理的首選，

這道「洛神花蜜番茄」就是在這樣的情況下發想出來的。

不但可當點心，也可當開胃前菜。

材料

• 牛番茄4個（500公克）

醃料

• 乾洛神花10朵（10公克）　• 二號砂糖100公克
• 麥芽糖50公克　• 話梅6粒　• 白醋2大匙

做法

1　牛番茄去蒂洗淨，以滾水汆燙，即可取出，放入冰開水中冰鎮5分鐘，剝皮，備用。

2　取一鍋，倒入240公克水，加入乾洛神花，開小火，煮約10分鐘，熄火。

3　將洛神花渣挑出，加入二號砂糖、麥芽糖、話梅，開小火，煮至糖溶解，加入白醋，熄火，放涼。

4　牛番茄放入洛神糖水中，移入冰箱冷藏一晚即可。

小叮嚀

1. 牛番茄也可用小番茄代替。
2. 汆燙牛番茄，約10秒即可撈出。汆燙後泡冰水的目的，是為利用熱脹冷縮，方便剝皮。

O3 蘋果醬

在我的兒時記憶中，蘋果是生病時才吃得到的「高貴」水果；

現在人人都買得起蘋果，家裡反而常有吃不完的蘋果。

看到市面上標榜手作的果醬，動輒數百元一瓶，我想到把吃不完的蘋果做成果醬冰藏，

不僅可以解決水果吃不完的問題，自己動手做，也能確保品質、衛生安全，

還能變化餐桌的的風景，可說是一舉數得。

除了蘋果，許多水果都可以做成果醬，像柳丁、百香果、草莓等，

大家也可以發揮創意，動手做做看。

小叮嚀

1. 用果汁機攪打蘋果泥時,要保留一點顆粒,不要打得太細,食用時才有豐富的口感。
2. 可依個人甜度喜好增添糖量,如果蘋果甜度已足夠,或喜歡酸一點的口感,可減少糖量,或增加檸檬汁用量。
3. 蘋果醬於冰箱冷藏,可存放一週。

材料

• 蘋果450公克　• 檸檬1個

醃料

• 細冰糖150公克　• 洋菜粉¼小匙
• 肉桂粉適量

做法

1　蘋果洗淨去皮,切1立方公分小丁,加入細冰糖,浸泡2至3小時,放入果汁機攪打成泥;檸檬洗淨,對剖,榨汁,備用。

2　取一鍋,加入蘋果泥,開小火,煮30分鐘,待蘋果泥呈透明狀,加入洋菜粉、肉桂粉、檸檬汁,攪拌均勻,即可熄火,放涼,裝罐,移入冰箱冷藏一天入味。

04 海苔醬手捲

釀漬點心
....

平常會利用空檔去弟弟家陪母親聊天、按摩雙腿，

所以就把這道海苔捲帶去讓母親當下午茶點心，

因為老人家食量不多，即便只吃了一口，我也覺得很欣慰，

能親自為母親做點心，是我的福氣。

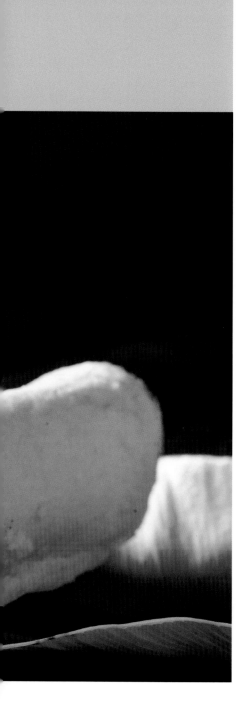

材料

- 吐司2片 　• 昆布20公克 　• 海帶芽5公克
- 燒海苔2張 　• 薑2片 　• 小黃瓜1條
- 蘋果1個 　• 蔓越莓少許

醃料

- 昆布水480公克 　• 醬油120公克
- 糖60公克

做法

1 昆布以乾布略微擦拭，用水浸泡3小時至軟，切段；海帶芽洗淨，泡開，擠乾水分；燒海苔撕成小塊；薑片切末；備用。

2 將昆布段、海帶芽、燒海苔塊、薑末一起放入調理機，倒入昆布水、醬油、糖攪打均勻成漿。

3 海苔漿倒入電鍋內鍋，外鍋倒入1量米杯水，蒸熟，即可取出放涼30分鐘，裝罐移入冰箱冷藏30分鐘，即是海苔醬。

4 小黃瓜、蘋果洗淨，切寬0.5公分、長5公分的長條。

5 吐司切邊，用擀麵棍擀平，中間塗入海苔醬，放入小黃瓜條、蘋果條、蔓越莓，捲成緊實的圓筒狀，對切即可盛盤。

小叮嚀

1. 昆布水是指用於浸泡昆布的水。
2. 手捲的餡料，除可使用小黃瓜、蘋果，還可加入紅蘿蔔、苜蓿芽做自由變化。
3. 切下的吐司邊，可用小火煎香，撒上少許義大利香料、胡椒鹽，又是一道可口的點心。
4. 海苔醬含有豐富鈣質，適合老人、小孩，又好入口。

05 奇異果奶醬夾心餅

釀 漬 點 心
....

這道點心的美味關鍵在於奶醬，因為加入了檸檬提味，口感非常清爽，

我常在家中準備奶醬，等孫子們下課回來，把奶醬先抹在上司上，就可充當泡芙，

他們都吃得津津有味，推薦給剛開始學做點心的媽媽們，

做給小孩當下午點心或帶出門野餐都很方便可口。

市售泡芙填入的奶醬，有些商家添加過多的人工香料，味道很不自然。

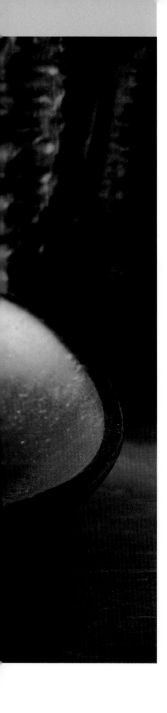

材料

• 奇異果 1 粒 • 蘇打餅乾 1 盒

醃料

• 原味豆漿 240 公克 • 細砂糖 2 大匙
• 低筋麵粉 2 大匙 • 鹽少許 • 檸檬汁 1 大匙
• 檸檬皮屑 1 小匙 • 香草棒 ⅓ 根

做法

1　把香草棒的香草子刮出，備用。

2　取一小鍋，加入豆漿、細砂糖、低筋麵粉、鹽、香草子，攪拌均勻。

3　另取一大鍋，倒入 500 公克水，開大火，煮滾，轉中火，放入小鍋，以隔水加熱法，煮至白糊狀，熄火，加入檸檬汁，撒上檸檬屑，放涼 1 小時，移入冰箱冷藏 1 小時，即是奶醬。

4　奇異果洗淨，去蒂去皮，切小丁。

5　食用時，取 2 片蘇打餅乾，填入奶醬，再加入奇異果丁即可。

小叮嚀

1. 奇異果可改用其他水果，也可用多種水果混合拌入。
2. 奶醬可以在煮好時，直接使用，但是冷藏後風味會更爽口。
3. 可多做些奶醬置於冰箱冷藏，需要時隨時取用，大約可保存七天。

06 蜜橙皮

這是一道既惜福又好吃的小點，靈感主要來自柚子皮，

我想同樣屬於柑橘類，柳丁皮應該也可以變成一道創意小點心，

沒想到香氣濃郁而且口感細緻。趁著柳丁盛產的季節，不妨多做一些！

當零嘴之外，也可切丁加入生菜沙拉，或加進手工餅乾的麵糰裡，增添風味。

材料

• 橙皮200公克（5粒）

醃料

• 細砂糖150公克　• 鹽¼小匙

做法

1　橙皮洗淨，每粒切16條長條，以滾水汆燙10秒，瀝乾水分，取出放涼，備用。

2　取一鍋，倒入80公克水、細砂糖、鹽，開小火，煮至糖溶解，加入橙皮條，不斷翻炒至糖水收乾，起鍋放涼，待表面呈白色結晶，即可裝罐。

小叮嚀

1. 橙皮也可改用柳丁皮。
2. 將柳橙皮內的白囊部分祛除，可減少苦味。
3. 汆燙橙皮的目的為防止農藥殘留。

07

醸 漬 點 心

檸 檬 乾

以前在寺院大寮擔任主廚時，偶爾一忙起來，常常忘了補充水分，
這時只要含一片檸檬乾，就能達到生津止渴的效果。
後來只要外出爬山踏青，我也習慣帶上一包檸檬乾，
天然健康的零嘴，最適合和朋友一起分享。

材料
• 檸檬1斤

醃料
• 鹽1小匙　• 梅粉40公克　• 甘草粉10公克

做法

1　檸檬洗淨，切除頭尾，榨汁去子，備用。

2　檸檬先切圓片，再切成條狀，加入鹽拌勻，放入容器，移入冰箱冷藏三天。

3　取出冷藏的檸檬片，瀝乾水分，加入梅粉、甘草粉輕輕攪拌，再冷藏二天，使其入味。

4　趁日照充足時，將檸檬條均勻攤放在竹籬上，曬約一至二天，完全乾燥後，即可裝罐。

o8 果香高麗

醸漬點心

記得在國外旅行時,超市裡經常可以看到各種醃漬蔬菜罐頭,

於是我試著用蔬菜和白醋來醃漬,

一來方便保存,二來透過果香增添紫高麗菜的香脆口感。

這次還特別保留一片菜葉當盛盤裝飾,平凡的醃漬物搖身一變,

便是一道高雅貴氣的開胃小點,宴客時就可派上用場。

除了當開胃點心,也可夾吐司或麵包食用,營養均衡。

材料 ────────────────────────

• 紫高麗菜300公克　• 蘋果（大顆）½個

醃料 ────────────────────────

• 鹽½小匙　• 白醋180公克　• 糖120公克

做法 ────────────────────────

1 　紫高麗菜洗淨，瀝乾水分，切細絲，加入鹽，用手抓捏，靜置30分鐘待出水，再擠乾水分，備用。

2 　取一鍋，加入白醋和糖，煮至糖溶解，熄火，放涼，即是糖醋液。

3 　蘋果洗淨去皮，磨成泥。

4 　取一保鮮盒，放入紫高麗菜絲、糖醋液、蘋果泥拌勻，移入冰箱冷藏一天，入味即可食用。

小叮嚀

1. 白醋不宜久煮，會失去酸味。

釀 功 夫

Q&A

Q1 │ 挑選釀漬點心食材有何要領？

因為**釀漬點心**大部分都是使用新鮮的生食材，所以最好採用無農藥殘留的食材。釀漬點心建議選用當季盛產的食材製作，除價格便宜實惠，也新鮮美味。最好在採買當天直接趁新鮮做釀漬點心，以免久放老化脫水，口感不佳。

Q2 │ 如何清洗釀漬點心的食材？

清洗食材的方式，建議可用清水加少許小蘇打粉浸泡，再沖洗乾淨，在最後一次沖洗時，建議要用開水沖洗，以免生水容易滋生細菌。

清洗時，要就食材種類不同需求做處理。葉菜類在清洗時，要一片片剝片沖洗，勿過度搓揉，以免葉片腐壞；瓜果類可整顆用水浸泡10分鐘，再用流水沖洗，如瓜果表面不平整，可使用軟毛牙刷清潔；根莖類可用菜瓜布刷洗，但勿太過用力刷傷表皮。在清洗過程除要充分清洗，有的食材也可採用汆燙處理，避免殘留農藥，確保安全。

Q3 | 如何選用合適的容罐裝罐？

選用容器的大小，要依食材的分量做決定。釀漬發酵類的食物，要預留裝罐的空間，以免發酵後爆漲。釀漬的容器，以玻璃材質為宜，尤其是盛裝酸性高的食材。如沒有玻璃罐，退而求其次，可使用不鏽鋼，最好不使用塑膠品。

釀漬點心在裝罐前，假如使用的是玻璃罐，玻璃罐要先用滾水消毒，並瀝乾水分，用吹風機吹乾。有醬汁的釀漬點心，要將醃漬物先放入乾燥乾淨的玻璃罐內，再倒入醬汁，最後蓋緊罐蓋即可。

Q4 | 如何掌握釀漬點心保存之道？

健康釀漬的點心，盡量少鹽、少糖，不添加人工色素、防腐劑，一次不要醃太多，盡早吃完。

釀漬的點心在放涼裝罐後，要盡早放入冰箱冷藏。點心在釀漬冷藏過程中，不要常常開罐翻動醃料，以免影響入味。假如需要測試入味否，不要使用潮濕的筷子或湯匙，以免漬物生菌腐壞。如果醬汁已產生氣泡酸腐味，不宜再使用。

釀漬完點心的醬汁，如果想重複使用一次，可在煮滾放涼後，再次浸泡食材，或多加點醋，可以延長保存期限。

Q5 | 如何活用釀漬點心做料理？

利用新鮮的食材，加入釀漬物會讓料理的味道更加濃郁，更有層次感。釀漬點心除可做為開胃前菜，也可以變化料理方法入菜。例如醃漬的水果可用來做涼拌菜，或是成為包飯糰、手捲的餡料，增加口感與風味。

—— Part 5 ——

清凉點心

OI 西瓜珍珠圓

清涼點心

有天帶孫子們出遊，走累了吵著要喝涼飲，難得讓他們自由選擇買飲料，

結果五個小朋友異口同聲都要喝珍珠奶茶，心想這飲料竟然這麼吸引人，

所以回家就自己動手做，不但健康衛生，也滿足了小朋友們，

身為阿嬤的我，做得也很開心。

- 西瓜（去皮）300公克　• 粉圓（大粒）50公克
- 原味豆漿240公克

調味料 ─────────────────────

- 糖2大匙

做法 ─────────────────────

1　取一燜燒鍋，內鍋加入1500公克的水，開中火，煮滾，加入粉圓，煮10分鐘，煮至滾沸，放入燜燒鍋約2至3小時燜透。

2　取出粉圓，瀝乾水分，拌入糖，以免粉圓相互沾黏。

3　西瓜去子，切塊，連同豆漿一起倒進果汁機，攪打成汁。

4　取一個杯子，倒入果汁，加入適量粉圓即可。

小叮嚀

1. 粉圓也可用蒟蒻米代替，蒟蒻米可增加飽足感，又沒有熱量負擔。
2. 如果粉圓未燜透，可將粉圓加水煮滾後，再燜一次。
3. 如果使用的是含糖豆漿，則不需再加糖。

O2　芒果杏仁凍

清涼點心

這道傳統杏仁凍，光試粉的比例就不下10次，

妹妹笑著說，這不是你早期最常做的點心嗎？為何還要大費周章？

我當然知道只要滴上幾滴杏仁精，香氣就十足了，

但是加了天然的杏仁粉，讓人吃得安心，味道也變溫柔了。

材料 ─────────

• 芒果2個 　• 原味豆漿120公克
• 碎冰50公克

調味料 ─────────

• 玉米粉6大匙 　• 木薯粉2大匙
• 杏仁粉4大匙 　• 細砂糖3大匙 　• 糖水適量

做法 ─────────

1 　取一鍋,倒入豆漿與240公克水,加入玉米粉、木薯粉、杏仁粉、細砂糖,攪拌均勻,開小火,煮10分鐘,不斷攪拌至呈濃稠狀,熄火,倒入小托盤,放涼1小時,移入冰箱冷藏2小時,即是杏仁凍。

2 　芒果洗淨去皮,切丁;杏仁凍切丁。

3 　取一個盤子,加入芒果丁、杏仁凍丁,拌入糖水和碎冰,即可食用。

小叮嚀

1. 糖水的做法是一杯(240公克)二號砂糖對一杯水,以1:1的比例,用小火煮至糖溶解,熬成香甜濃縮的糖漿,待冷卻後,冷藏備用。取用時,可直接淋用,或再加水稀釋,用小火溫熱成熱糖水使用。

03 冬瓜凍冬瓜

清涼點心

冬瓜是非常普遍的食材，我記得小時候家家戶戶會準備冬瓜糖磚、冬瓜糖等冬瓜製品，
夏天時把冬瓜糖磚煮成冬瓜茶，冬瓜糖當成零嘴，就是小孩滿心期待的點心。
這次我用冬瓜糖磚，加上新鮮冬瓜做成果凍，一次可以吃到兩種不同的冬瓜滋味，
而且，「天然的尚好」，比起添加物、香料過多的飲料、點心，
更適合做為夏天消暑的點心。

材料

• 新鮮冬瓜 50 公克　• 冬瓜糖磚 120 公克

調味料

• 洋菜粉 1 小匙　• 椰漿 1 小匙

做法

1　冬瓜洗淨去皮，切丁；冬瓜糖磚切小塊，備用。

2　取一鍋，倒入 840 公克水，加入洋菜粉，攪拌拌勻，再加入冬瓜糖磚、冬瓜丁，開小火，煮 10 分鐘，煮滾，即可起鍋。

3　將冬瓜漿倒入容器，放涼 1 小時，移入冰箱冷藏 2 小時，即可取出倒扣於盤內。

4　食用時，淋上椰漿即可。

小叮嚀

1. 新鮮冬瓜可以用其他新鮮水果代替，做成水果凍。

04 綠豆黃

那天帶綠豆黃去探望母親，和親友一起享用點心，

大家都覺得好吃，紛紛詢問做法，出乎他們意料的是，原來做法這麼簡單。

開心之餘，我更相信，自己堅持簡單做點心的想法是對的。

小叮嚀

1. 從電鍋取出綠豆仁時，如果綠豆仁的水分稍多，可放至爐上，以小火煮乾一點。

2. 綠豆仁壓泥時，不要有顆粒，以免影響口感。

3. 綠豆仁放入冰箱冷凍前，要先覆蓋一層保鮮膜或蓋上蓋子，以避免水分蒸發，造成表面乾裂。綠豆仁冷凍後雖會變硬，但因含有油質，從冰箱取出後會回軟。

材料

• 綠豆仁210公克

調味料

• 白砂糖50公克　• 橄欖油2大匙

做法

1　綠豆仁洗淨，瀝乾水分，用480公克水浸泡2至3小時，備用。

2　將綠豆仁放入電鍋內鍋，外鍋加1 ½ 量米杯水，蒸熟，再繼續燜20分鐘。

3　取出綠豆仁，趁熱壓成泥，加入白砂糖與橄欖油拌匀，倒入方形容器塑形，放涼1小時，移入冰箱冷凍，即是綠豆黃。

4　取出綠豆黃，切塊盛盤，即可食用。

05 木瓜銀耳豆漿煮

清涼點心

經常有人向我提到：「做點心好難喔！材料難買，做法又繁複！」

這促使我常發想一些做法簡單的點心，這道點心就是基於這樣的出發點所做成，

以甜湯來當點心，在冬天享用，不僅暖胃，還能預防感冒；

夏天放入冰箱冷藏，則能沁涼消暑。

簡單的材料與做法，不僅讓媽媽們輕鬆滿足家人的需要，

也能變化餐桌上的風景，何樂而不為呢？

小叮嚀

1. 如果喜歡白木耳較為軟
嫩的口感,可先煮軟,
再加其他食材一起烹
煮,既節省時間,木瓜
也不會煮至過軟爛。

材料

• 木瓜1個　• 白木耳10公克　• 紅棗5粒

調味料

• 冰糖2大匙　• 原味豆漿500公克

做法

1　白木耳洗淨,泡軟,去蒂,剝小朵;木瓜
洗淨對剖,預留一半做容器,其餘去皮去
子,切塊;紅棗洗淨,每粒用刀劃一刀,
備用。

2　取一鍋,加入白木耳、木瓜塊、紅棗與
500公克水,開中火,煮10分鐘,煮至
軟,再加入冰糖和豆漿,即可起鍋盛入木
瓜盅。

06 豆漿芝麻酪

清涼點心
· · · · · · · · · · · · ·

早期做這道點心，習慣使用果凍粉，

這次還是選擇較天然的洋菜粉，雖然比較不軟Q，但健康比口腹之慾更重要，

記得母親常告訴我：「食物吃得下去，卻拿不出來了。」不可不慎。

材料

• 原味豆漿 240 公克　• 薄荷葉 3 公克

調味料

• 細砂糖 2 大匙　• 洋菜粉 ½ 小匙
• 玉米粉 1 大匙　• 黑芝麻麵包醬 50 公克
• 椰漿 1 小匙

做法

1　取一鍋，倒入豆漿與 240 公克水，加入細砂糖、洋菜粉、玉米粉、黑芝麻麵包醬攪拌均勻，開小火，煮 5 分鐘，煮滾即可起鍋，倒入模型放涼 1 小時，移入冰箱冷藏 1 小時，即可取出倒扣盤上。

2　薄荷葉洗淨，瀝乾水分。

3　食用時，豆漿芝麻酪淋上椰漿，以薄荷葉做裝飾即可。

小叮嚀

1. 黑芝麻醬可用熟黑芝麻粉替代，但會增加用糖量。黑芝麻醬的口感比較細緻。

07 清豆花

還記得小時候只要巷口傳來「豆花！豆花！」的叫賣聲，

許多人便會端出鍋碗來買豆花。

白嫩嫩的豆花，只簡單淋上焦香的糖漿，可說是人間美味，

我總覺得糖漿是豆花的靈魂，沒有了它，豆花將黯然失去了光彩。

這次利用現成的豆漿來製作，省去磨豆、濾渣的麻煩，很輕鬆就有豆花可以吃。

- 原味豆漿 1000 公克　• 洋菜粉 1 小匙
- 玉米粉 2 大匙

調味料

- 二號砂糖 240 公克

做法

1　取一鍋，倒入豆漿，加入洋菜粉、玉米粉，攪拌拌勻，開小火，煮 10 分鐘，煮滾，即可起鍋。放涼 1 小時，移入冰箱冷藏 1 小時，即是豆花。

2　另取一鍋，先倒入 60 公克水和糖，開小火，煮至發出糖香，再倒入 180 公克水煮滾，即是糖漿。

3　取一個碗，加入豆花，淋上糖漿，即可食用。

小 叮 嚀

1. 煮豆漿時，要不停攪拌，直到煮開。
2. 豆花配料可隨個人喜好添加，如大紅豆、小紅豆、綠豆、花生、小湯圓、芋圓等，增添口感變化。
3. 豆花的軟硬度可用洋菜粉來調整，如果喜歡軟一點的口感，洋菜粉可減少。

08 雙色奇異果冷麵

清 涼 點 心
∙∙∙∙∙∙∙∙∙∙∙∙∙∙

用杜蘭小麥做成的螺旋麵，

口感Q彈又健康。

吃膩了米飯配蔬菜？

不妨試試這道點心，換換口味，營養不減分喔！

小叮嚀

1. 煮螺旋麵的時間大約8至10分鐘即可,勿煮過熟。
2. 冷麵也可加入蘋果、鳳梨、芒果等當季水果,增添果香。

材料

- 螺旋麵200公克
- 黃金奇異果2個
- 綠色奇異果2個
- 小番茄10個
- 黑橄欖適量

調味料

- 冷壓橄欖油4大匙
- 黑胡椒粒¼小匙
- 義大利綜合香料1小匙
- 烏醋1小匙
- 鹽1小匙

做法

1 黃金奇異果、綠色奇異果洗淨去皮,切小丁;小番茄洗淨,對剖;黑橄欖切片,備用。

2 取一鍋,倒入適量水,開中火,煮滾,加入螺旋麵與¼小匙鹽,煮10分鐘,煮至軟,即可用冷開水沖涼,瀝乾水分。

3 取一個碗,加入所有的調味料和螺旋麵,充分拌勻,再加入奇異果丁、小番茄丁、黑橄欖片,即可食用。

09 芋香雪花糕

清涼點心
....

雪花糕一般的做法是將鮮奶凝固後沾上椰子粉做成，
這次利用芋頭綿密的口感來扮演這樣的角色，
當你在吃的當下，是否也沐浴在雪花片片的氛圍中？

材料
* 芋泥300公克

粉漿
* 澄粉80公克　　* 在來米粉30公克

調味料
* 橄欖油1大匙　　* 鹽⅛小匙
* 細砂糖100公克　* 椰子粉適量

做法

1　芋泥、鹽、細砂糖與450公克水倒入果汁機，攪打均勻，取出放入鍋中，開小火，煮10分鐘，煮滾，加入橄欖油，熄火，即是芋泥漿。

2　澄粉、在來米粉與120公克水，調拌均勻，立即倒入芋泥漿，攪拌成糊狀，倒入鋪上烘焙紙的容器，放入蒸鍋，蒸15分鐘，即可取出，放涼。

3　芋頭糕移入冰箱冷藏4小時。

4　芋頭糕切塊，沾裹椰子粉即可。

小叮嚀

1. 煮芋漿時一定要不斷攪拌，才不會焦鍋。
2. 加鹽有提味的功能。
3. 完成的芋頭糕，放入冰箱前，表面先鋪上保鮮膜，才不會變得太乾。為讓雪花糕切得好看，切塊時，可在刀上貼一張保鮮膜，以利操作。
4. 雪花糕也可以做成圓球狀。只要準備材料：芋泥300公克、蔓越莓30公克、玉米粉1大匙、細砂糖40公克、橄欖油1大匙。取一鍋，加入玉米粉、細砂糖、橄欖油與50公克水，開小火，煮滾，拌入芋泥混合均勻，加入切碎的蔓越莓碎，搓圓成圓球狀，沾裹椰子粉即可。

涼點功夫
Q&A

Q1 | 如何使用純素
　　　的凝凍劑做果凍？

　　一般人常以為果凍的成分，應該都是素食的。仔細留意成分後，才發現很多果凍含有動物膠，甚至含有酒類成分，很多果凍類點心便因此無法購買現成的，需要自己動手做。例如常見的吉利丁製成的點心，成分就是動物膠。其實純素的凝凍劑種類很多，洋菜粉、寒天粉、果凍粉、吉利T都是植物性的凝凍劑，但都是屬於比較軟脆的口感。

Q2 | 無蛋奶成分的涼點，
　　　有可改用的代替品嗎？

　　製作無蛋奶成分的點心，選用的食材看似有限，但也可激發巧思，靈活變化。通常純素的點心，可用豆漿或椰漿代替牛奶，例如本書的「木瓜銀耳豆漿煮」、「豆漿芝麻酪」，具有滑順的口感，只是奶香變成豆香。蛋則可將腰果、核果等核果攪打成泥做替代。另外，點心常使用到的奶油，有些料理可用葡萄子油或椰漿、椰子油代替。

Q3｜使用水果做涼點 要留意什麼問題？

水果要先洗淨，再削皮與切塊，以免殘留農藥。水果要使用時，才切塊處理，避免流汁過多。

容易氧化變色的水果如蘋果、水梨等，要先用鹽水或檸檬水浸泡。水果使用檸檬水浸泡，還可增加清香氣。

用於製作涼點的水果，因每種甜分程度不同，在調味時需略做調整。如果希望能夠讓水果更美味，可加鹽提味。

Q4｜如何讓涼點口感豐富不膩口？

糖水是清涼甜湯的重點所在，在熬煮糖水時，一定要把焦糖香氣煮出來，然後再加水調合。一次可以多熬煮一些，放在冰箱冷藏，隨時取用。如果希望口感層次更加豐富，可以同時混用兩種不同種類的糖，例如白砂糖裡添加一點黑糖或楓糖漿，風味更加迷人。在糖水裡，略微添加一點鹽，可以達到提味的點睛效果，讓甜湯嘗起來甜而不膩。

Q5｜如何冷藏點心不走味？

點心在放入冰箱冷藏時，一定要蓋上鍋蓋或是密封，盡量不要和味道濃烈的食物放在一起，比如榴槤或臭豆腐，以免吸附到異味。

另外，有的點心在冷藏後取出，口感可能變硬，例如麵條放久會變硬，可適度加點油，遲緩麵條變硬的時間。綠豆黃、吐司、麵包一類油質較多的點心，則不用擔心，可放入冰箱冷凍，從冷凍室取出，在室溫裡自然退冰後，會慢慢恢復柔軟的口感。

禪味
廚房 ⑪

禪味點心
Savory Snacks in Chan Spirit

國家圖書館出版品預行編目資料

禪味點心／陳滿花著．－－初版．－－臺北市：法
鼓文化，2014.06
　　面；　公分
　ISBN 978-957-598-646-9（平裝）

　1.點心食譜　2.素食食譜

427.16　　　　　　　　103008311

作者／陳滿花

攝影／李東陽

出版／法鼓文化

總監／釋果賢

總編輯／陳重光

編輯／張晴

美術編輯／化外設計

地址／臺北市北投區公館路 186 號 5 樓

電話／（02）2893-4646

傳真／（02）2896-0731

網址／http://www.ddc.com.tw

E-mail／market@ddc.com.tw

讀者服務專線／（02）2896-1600

初版一刷／2014 年 6 月

初版三刷／2018 年 5 月

建議售價／新臺幣 300 元

郵撥帳號／50013371

戶名／財團法人法鼓山文教基金會 — 法鼓文化

北美經銷處／紐約東初禪寺

Chan Meditation Center（New York, USA）

Tel／（718）592-6593

Fax／（718）592-0717